HANNACHI Abdelhakim
ZOUITEN Khaoula
KHORIEF Maissa

Modelação do perfilhamento numa cultura de trigo duro Triticum durum L

HANNACHI Abdelhakim
ZOUITEN Khaoula
KHORIEF Maissa

Modelação do perfilhamento numa cultura de trigo duro Triticum durum L

ScienciaScripts

Imprint

Any brand names and product names mentioned in this book are subject to trademark, brand or patent protection and are trademarks or registered trademarks of their respective holders. The use of brand names, product names, common names, trade names, product descriptions etc. even without a particular marking in this work is in no way to be construed to mean that such names may be regarded as unrestricted in respect of trademark and brand protection legislation and could thus be used by anyone.

Cover image: www.ingimage.com

This book is a translation from the original published under ISBN 978-620-6-71115-5.

Publisher:
Sciencia Scripts
is a trademark of
Dodo Books Indian Ocean Ltd. and OmniScriptum S.R.L publishing group

120 High Road, East Finchley, London, N2 9ED, United Kingdom
Str. Armeneasca 28/1, office 1, Chisinau MD-2012, Republic of Moldova, Europe
Printed at: see last page
ISBN: 978-620-8-16271-9

Conteúdo

Currículo

Ao longo dos anos, os cientistas realizaram investigações e experiências na tentativa de melhorar a produção de trigo duro (*Triticum durum* L.) e alcançar a autossuficiência alimentar, considerando-o um alimento básico.

Na nossa experiência, utilizámos quatro variedades de trigo duro (*Triticum durum* L.) mais comuns na Argélia (Simeto, Oued el Bared, Amare 06, Antalis). Realizámos esta experiência no jardim da Universidade de Skikda 20 de agosto de 1955, fora do solo e em condições naturais. Durante a nossa análise, realizámos um estudo completo para modelar os componentes do trigo duro (*Triticum durum* L.), utilizando o azoto como elemento principal para comparar os resultados antes e depois da utilização desta substância.

Os resultados mostraram que as variedades responderam linearmente a este elemento e deram resultados elevados, nomeadamente para a variedade Simeto, onde se registou uma multiplicação das componentes de rendimento e, portanto, um aumento do rendimento. Podemos, portanto, concluir que houve um aumento do número de componentes do rendimento na fase de espigamento.

Palavras-chave: Modelação, Tallage, Fertilização azotada, Ble dur, Rendement.

Introdução

Atualmente, os cereais em geral, e o trigo (duro) em particular, constituem a principal base da alimentação dos consumidores argelinos (Benbelkacem, 2013). Desempenha um papel social, económico e político na maioria dos países do mundo (Ammar, 2015 in Bentouati, Safsaf, 2019).

Os cereais são a principal cultura cultivada na Argélia. É cultivado principalmente em zonas áridas e semi-áridas, numa área anual de cerca de 3,6 milhões de hectares (ONFAA, 2016).

Os criadores de trigo duro deram contributos únicos e fizeram excelentes progressos no aumento da produção nas últimas décadas, principalmente nos países menos desenvolvidos. No entanto, ainda há muitos desafios a enfrentar para tornar os alimentos mais acessíveis do que nunca, de forma sustentável, e para satisfazer as necessidades de uma população em crescimento (IWGSC, 2019).

A produtividade e a aquisição de recursos (desenvolvimento sustentável) estão a receber a maior atenção neste momento e é muito importante e necessário trabalhar no desenvolvimento de competências agrícolas para a previsão e a tomada de decisões na agricultura e na silvicultura e no desenvolvimento dinâmico de modelos matemáticos fiáveis, como a simulação e a melhoria das culturas. E tudo isto graças ao trabalho de engenheiros e investigadores que representam a parte mais eficaz e integrante deste desenvolvimento, e estes resultados procuram reproduzir o crescimento de um grupo de plantas em interação com o ambiente, para determinar o impacto que o mosteiro pode ter nestes factores. E, a longo prazo, fazer previsões de colheitas (Barcziet *al.* 1997).

No entanto, a modelação entrou no domínio da agronomia em 1968 e a modelação do crescimento das plantas continua a ser um desafio que exige a colaboração e o confronto entre várias disciplinas. De facto, na altura da

A conceção de um modelo deste tipo exige uma combinação de conhecimentos botânicos, agronómicos e ecofisiológicos.

Em seguida, a validação e a exploração implicam a aplicação informática do modelo, e a introdução de um formalismo matemático em certos modelos permite verificar o seu comportamento e efetuar estudos mais aprofundados (controlo ótimo, sensibilidade aos parâmetros) (Brisson et *al.* 2003).

O nosso tema consiste em modelar o perfilhamento de uma cultura de trigo duro, sob o efeito do azoto.

Como podemos melhorar os modelos de perfilhamento no trigo duro?

J Como é que vamos criar um modelo matemático?

Que análise utilizaremos para encontrar a diferença entre os ensaios? Qual é o efeito do tratamento com azoto no perfilhamento e no desenvolvimento do trigo duro?

O nosso trabalho divide-se em duas partes distintas

^{ere}A 1 revisão bibliográfica está dividida em dois capítulos

Capítulo 01: Informações gerais sobre o disco rígido

Capítulo II: Informações gerais sobre a modelação do perfilhamento numa cultura de trigo duro.

^{eme}A 2a parte é a parte experimental dividida em dois capítulos

Capítulo I: Materiais e métodos

Capítulo II: Resultados e discussão

Informações gerais sobre o trigo duro (*Triticumdurum*)

1- História e distribuição geográfica do trigo duro (*Triticumdurum*)

Desde o nascimento da agricultura, o trigo duro tem sido o alimento básico da humanidade (Ruel, 2006). A descoberta do trigo remonta a 15 000 a.C. na região do Crescente Fértil, um vasto território que compreende o vale do Jordão e as zonas adjacentes da Palestina, da Jordânia, do Iraque e da extremidade ocidental do Irão (Feldman e Sears, 1981). Este período corresponde ao início do período Dryas, um episódio climático de seca e arrefecimento, que conduziu ao fim gradual do modo de vida dos "caçadores-recolectores" e à domesticação de certas plantas - incluindo o trigo - e, através do armazenamento de reservas alimentares, à criação das primeiras comunidades aldeãs (Hayden, 1990; Wadley e Martin, 1993).

Numa primeira fase, as espigas evoluíram sem intervenção humana, depois sob a pressão de seleção exercida pelos primeiros agricultores (Henry e de Buyser, 2001). Numa primeira fase, que corresponde ao período de transição entre a recolha manual de formas selvagens no seu habitat de origem e o aparecimento dos primeiros campos cultivados, foi decisiva a passagem de formas de espiga frágeis para tipos de ráquis sólidos, bem como a identificação de mutantes com espigas fáceis de debulhar e grãos nus. Outras mudanças ocorreram também durante este período, como a escolha preferencial de plantas ericáceas com grãos grandes, não dormentes e de germinação uniforme, e certamente uma seleção baseada na cor do grão, ligada a práticas religiosas ou outras. É também possível que, a partir desta fase, os agricultores tenham tomado consciência da importância do número de espiguetas por espiga, mas este facto não é certo (Bonjean, 2001).

É geralmente aceite que a cultura do trigo duro começou e se desenvolveu na Argélia após a conquista árabe. A maioria dos autores concorda que a cultura cerealífera argelina foi dominada pelo trigo duro desde essa data até à colonização (Laumont e Eurroux, 1961).

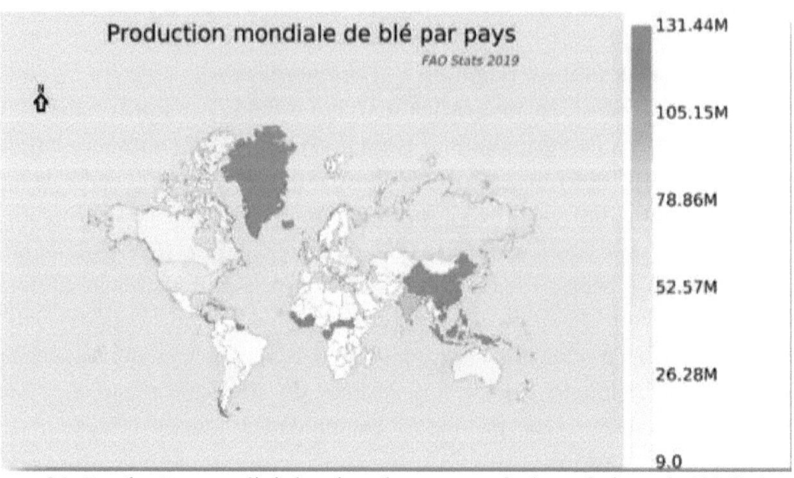

Figura 01. Produção mundial de trigo duro por país (estatísticas da FAO de 2019)

2- Origem genética do trigo duro (*Triticumdurum*)

O trigo pertence à família das gramíneas (Gramineae = Poaceae), que inclui mais de 10.000 espécies diferentes (Mac Key, 2005). Várias espécies com ploidias diferentes estão agrupadas no género Triticum, que é um exemplo clássico de alopoliploidia, com genomas homeólogos derivados da hibridação entre espécies pertencentes à mesma família (Levy e Feldman, 2002).

De acordo com Feillet (2000), estas espécies diferem no seu grau de ploidia (bles diploide: genoma AA; bles tetraploide: genomas AA e BB; bles hexaplóide: genomas AA, BB e DD) e no seu número de cromossomas (14, 28 ou 42). Pensa-se também que a natureza poliploide do genoma das bles contribuiu para o sucesso da sua domesticação (Dubcovsky e Dvorak, 2007).

A linhagem genética do bles é complexa e incompletamente elucidada. Sabe-se que o genoma A provém do Triticum. Monococcum, o genoma B de um Aegilops (bicornis, speltoides, longissima ou searsii) e o genoma D de Aegilops squarrosa (também conhecido como *Triticumdurum*. Tauschii). O cruzamento natural *Triticumdurum. Monococcum* **xAegilops** (portador do genoma B) resultou no aparecimento de um trigo selvagem AABB *(Triticumdurum. Turgidumssp. Dicoccoides)* que depois evoluiu gradualmente para *Triticumdurum*. Turgidumssp. Dicoccum e depois para *Triticum. Durum* (trigo duro) (Feillet, 2000). Restos de tipos primitivos de *Triticumdurum*. Turgidum cultivum (a árvore do amido, que é um trigo de grão grosso), descobertos em vários sítios arqueológicos na Síria, foram datados de cerca de 8000 a.C. (Brink e Belay, 2006). O cruzamento entre a espécie *TriticumDurum* genómica AABB e a Aegilops tauschiide genómica DD deu origem ao *Triticumdurum*. Aestivum com constituição genómica AABBDD (Feldman e Sears, 1981; Shewry, 2009) (Figura 01).

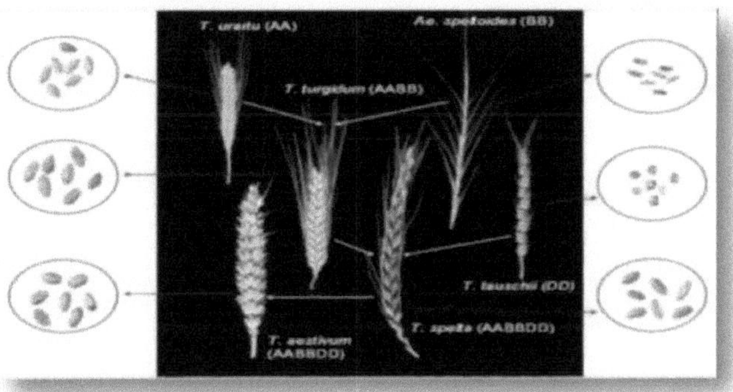

Figura 02. Filogenia do trigo duro (Shewry, 2009)

3- Classificação botânica do trigo duro (*Triticumdurum*)

Ble dur pertence ao grupo Spermaphytes e ao grupo Spermaphytes. Angiospérmicas, da classe das monocotiledóneas (Grignac, 1965; Prats, 1966). A classificação proposta por Feillet (2000) é apresentada no quadro 01.

Quadro 01Classificação botânica do trigo duro (Douaer et al.2018)

Regne	Plantas
Sub-regime	*Cormófito*
Ramo	*Spermaphytes*
Sub-ramo	*Angiospérmicas*
Classe	*Monocotiledóneas s*
Encomendar	*Floral Commelini*
Sob encomenda	*Poales*
Família	*Gramíneas*
Tribo	*Tritiches*
Tipo	*Triticum*
Espécies	*Triticumdurum*

4- Caraterísticas morfológicas do trigo duro

(*Triticumdurum*)4-1-Grão

O grão de trigo tem uma forma ovoide, com um sulco que percorre todo o seu comprimento na face ventral (Figura 0 3). Na base dorsal da semente encontra-se o gérmen, que é encimado por uma escova. Mede entre 5 e 7 mm de comprimento e entre 2,5 e 3,5 mm de espessura, pesando *entre 20 e 50 mg* (Surget e Barron 2005).

Segundo Calvel *(1983),* a cor do azul varia do vermelho ao branco. Em função do país de origem, do solo, da cultura e do clima (Emilie, 2007)

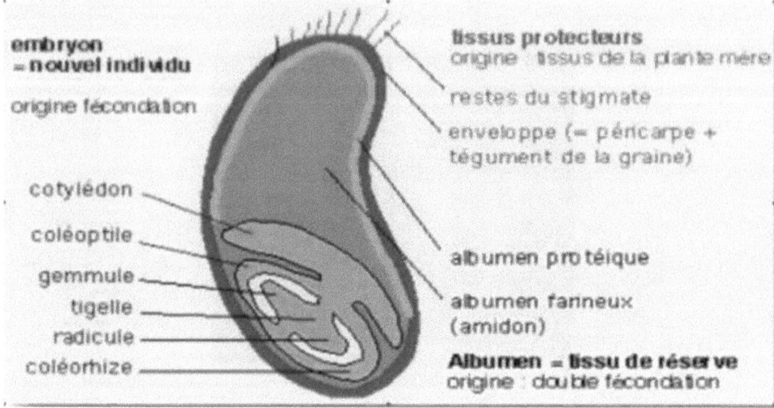

Figura 03. Esquema de um grão de trigo duro (Mossiniak, 2006)

4-2-Racina

As raízes do trigo duro são do tipo fascículo pouco desenvolvido, o sistema radicular do trigo duro é caracterizado por (Alismail et al., 2017)

> **Um sistema primário (raízes seminais)** este sistema radicular funciona desde a germinação até à ramificação da planta, ou seja, o perfilhamento (Grignac, 1965), existem 6 raízes seminais (Colnenne et al, 1988), que participam na nutrição e no desenvolvimento da planta (Belaid, 1987).

> **Um sistema secundário (raízes adventícias)** que se formam mais tarde a partir dos nmudes na base da planta e constituem o sistema radicular permanente, (Clarke et al. 2002). De acordo com Grignac et al (1965), o sistema secundário é um sistema radicular de perfilhamento. As raízes aparecem mais abaixo, quase todas no mesmo nível (platô de perfilhamento), e formam uma aglomeração densa. Cada perfilho dá origem a um caule e a uma inflorescência (Belaid, 1987).

4-3-Stem

A maioria das plantas de trigo duro tem um caule principal e caules secundários denominados perfilhos. Os caules são caules cilíndricos, frequentemente ocos devido à reabsorção da medula central, mas no trigo duro são sólidos. Apresentam-se como tubos estriados, com longos e numerosos feixes condutores de seiva. Estes feixes são regularmente entrecruzados e contêm fibras de paredes espessas que conferem resistência à estrutura.

Os caules são interrompidos por nós, que são uma sucessão de zonas de onde emerge uma folha longa (Soltner, 1990). O caule começa a assumir o seu carácter no início do enraizamento, ou seja, torna-se vigoroso e apresenta 7 a 8 folhas (Alismail et al, 2017). Dependendo da variação da espécie e do ambiente, o comprimento do caule completo varia, mas em geral situa-se entre 60 e 150 cm (Mohamed, 2000). A produção de talos começa quando a terceira folha se desenvolve, cerca de 45 dias após a sementeira (Moule, 1971 in Nadjem, 2012). De acordo com Mohamed (2000), o número de perfilhos no trigo duro varia de 30 a 100. Este número é influenciado por vários factores, sendo os mais importantes: variedade, fertilidade do solo, densidade da planta e intensidade da luz. A planta produz geralmente 2 a 3 perfilhos em condições favoráveis. O perfilhamento pára temporariamente à medida que o caule se alonga.

4-4-Folhas

A folha do trigo duro é simples, alongada, alternada e com nervuras paralelas (Oudjani, 2008), e é constituída por uma base (bainha) que envolve o caule, uma parte terminal que se alinha com as nervuras paralelas e uma ponta pontiaguda. No ponto de fixação da bainha da folha encontra-se uma membrana fina e transparente (lígula) com dois pequenos apêndices laterais (aurículas). O caule principal e cada raminho apresentam uma inflorescência em espiga terminal. (Cherfia, 2010). De acordo com Casnin et *al.* 2013, o tamanho da folha aumenta com a sua posição no caule, sendo a folha bandeira frequentemente a maior. [2]Tem cerca de 30 cm2 de tamanho e, quando madura, a planta de trigo tem cerca de 1,5 a 2 m .

4-5-Flor

As flores são numerosas, pequenas e discretas (Figura 06). Situadas na extremidade dos caules (Sadoukiet al , 2018), agrupam-se numa inflorescência em espiga, cuja unidade morfológica de base é a espigueta, constituída por um conjunto de flores envolvidas pelas suas glumas e encerradas em duas brácteas denominadas glumas (inferior e superior) (Gate, 1995).

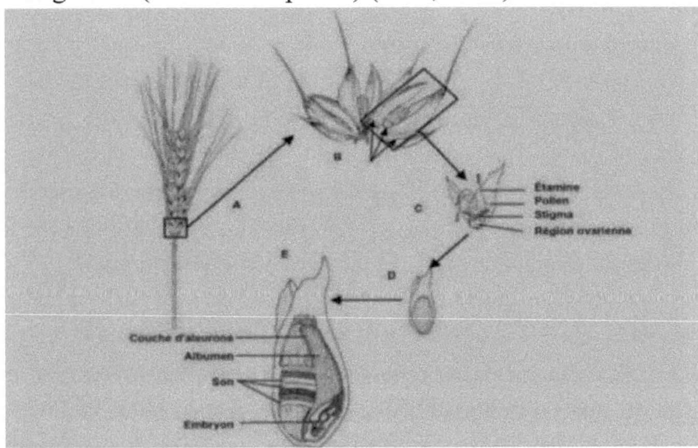

Figura 04 Flores e sementes (cariopse) de trigo duro (Mekaoussi, 2015)

5- O ciclo biológico do trigo duro (*Triticumdurum*)

De semente a semente, o ciclo biológico do trigo duro divide-se em três períodos sucessivos, cada um com as suas próprias fases e etapas (Fig. 02).

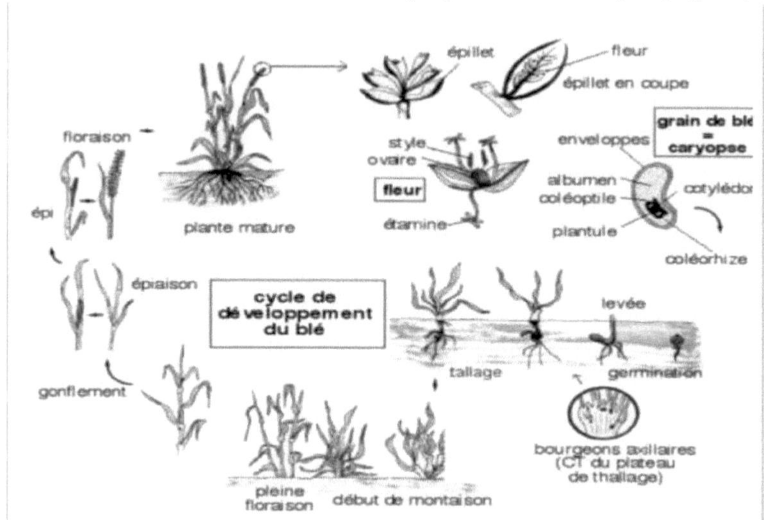

Figura 05. Ciclo de desenvolvimento do trigo duro (Henry e De Buycher, 2000)

As diferentes fases são controladas pela soma das temperaturas diárias (graus-dia) registadas pela planta.

A soma das temperaturas, a base zero para o azul, é calculada da seguinte forma soma graus-dia = (T°C min+T°C max)/2 Apenas os valores positivos devem ser tidos em conta (Hamadache, 2013).

5-1-Período vegetativo
> Fase de germinação e brotamento

[2]Esta fase corresponde ao estabelecimento do número de plantas/m . O solo é perfurado pelo coleóptilo, que é uma bainha protetora da primeira folha (Hamadache, 2013).

A emergência é registada quando 50% das plantas emergem do solo (Figura I.3). Durante esta fase, as plantas jovens são sensíveis à falta de água, que provoca a perda de plantas, e ao frio, que provoca o enfolhamento (Karou et al. 1998).

Esta fase começa com a quarta folha. Os primeiros perfilhos formam-se no estádio de 3 folhas. O primeiro rebento primário (rebento mestre) aparece na axila da primeira folha da planta. [eme]O 2° e o 3° perfilhos surgem nas axilas da 2ª e 3ª folhas (Hamadache, 2013). O perfilhamento tardio marca o fim do período vegetativo e o início da fase reprodutiva, que depende do fotoperíodo e da vernalização, que permitem o alongamento dos entrenós (Gate, 1995).

No entanto, (Longnecker et *al* 1993) sugerem que o perfilhamento não pára em nenhum estágio do desenvolvimento do trigo, mas é controlado por um número de fatores genéticos e ambientais. O número de perfilhos produtivos depende do genótipo, do ambiente e é fortemente influenciado pela densidade do povoamento (Acevedo et *al.*, 2002).

5-2- Período reprodutivo

> Configuração - floração

O aparafusamento começa quando os entrenós da haste principal se destacam do platô do perfilhamento (Belaid, 1987). De acordo com Baldy (1984), o enraizamento é a fase mais crítica do desenvolvimento do trigo. Qualquer stress hídrico ou térmico durante esta fase reduz o número de espigas em crescimento por unidade de área.

Aquando do vingamento, a espiga emerge da última folha. As espigas descascadas florescem geralmente alguns dias (menos de 7 dias) após o abrolhamento.

As temperaturas elevadas e a seca durante a floração podem reduzir a viabilidade do pólen e, por conseguinte, reduzir o número de grãos (Herbek e Lee, 2009).

> Floração-maturidade

O período floração-maturidade corresponde à acumulação de hidratos de carbono e de azoto no grão (Gallais e Bannerot, 1992). Este período corresponde à formação da componente 8dern do rendimento, que é o peso de 1000 grãos (Robert et *al.*, 1993). Após a floração, o enchimento do grão efectua-se em duas fases

> Pela migração de parte das reservas do caule.

> O rendimento dos grãos, num sistema de cultivo de sequeiro e num ambiente restritivo, é o resultado da duração e da velocidade de enchimento e da capacidade de transferência dos assimilados armazenados no caule (Abbassenne et *al.*, 1997).

> As temperaturas elevadas durante este período impedem a migração das reservas das folhas e do caule para o grão (escaldão do grão). O grão seca então até atingir o seu peso seco final (Wardlow, 2002).

O rendimento do grão, num sistema de cultivo de sequeiro e num ambiente restritivo, é o resultado da duração, da velocidade de enchimento e da capacidade de translocação dos assimilados armazenados no caule (Abbassenne et *al.*, 1997).

As temperaturas elevadas durante este período impedem a migração das reservas das folhas e do caule para o grão (escaldão do grão). O grão seca então até atingir o seu peso seco final (Wardlow, 2002).

1- Exigências ecológicas do trigo duro

(*Triticum durum L.*)

6-1- Água

A água é um fator ambiental que influencia quase todas as reacções fisiológicas das plantas. De acordo com Duthil (1973) e Catell (2006), estudos mostram que a água é o principal constituinte das plantas, representando 60% a 80% do seu peso em matéria fresca. O grão inicial pode absorver 40 a 65% do seu peso em água, mas a germinação inicia-se quando já absorveu cerca de 25% (Prats et al., 1971). As necessidades hídricas do trigo duro dependem do seu ciclo de desenvolvimento e das diferentes fases que o compõem (Merouche et al. 2015). As necessidades hídricas até ao final do perfilhamento são relativamente baixas, enquanto que um bom fornecimento de água é particularmente importante entre o vingamento e a floração e entre as fases de grão leitoso e grão grosso (Clement, 1981). Segundo Merouche et al. (2015), o consumo de água no trigo duro divide-se da seguinte forma:

J **Na fase epi 1cm - 2 nwuds:** o fornecimento de água dura 20 a 25 dias e tem 60 mm de altura.

J **Na fase de 2 nós - floração:** o consumo de água é de cerca de 160 mm e demora 30 a 40 dias.

J **Na fase de floração - grão leitoso**: as necessidades de água são de 20 a 25 dias e de 140 mm.

J **Na fase de maturação do grão leitoso**: uma média de 90 mm é suficiente para um período de 15 a 20 dias.

6-2- Temperatura

Como todas as plantas, o trigo duro tem um ótimo ecológico a partir do qual a temperatura (Papadakis, 1932), a germinação começa assim que a temperatura excede 0 ° C, com temperatura óptima de crescimento situada entre 15 e 22 ° C, (OE Ondo, 2014). A temperatura desempenha um papel essencial na vida das plantas, determinando o crescimento e o desenvolvimento (Kamli, 1985). A sua ação é permanente ao longo de todo o ciclo. Determina a absorção de nutrientes, a atividade fotossintética, a acumulação de matéria seca e a transição de uma fase vegetativa para outra (Van Oosterom et al.1993 ; Mekhlouf et al., 2006).

As sementes de trigo necessitam de um intervalo de temperatura aproximado de 80°C a 122°C para germinar. Quanto maior a temperatura média, menor o tempo de germinação (Lounis et al. 2017).

A procura de trigo duro em termos de temperatura: (Lounis et al, 2017):

J **Fase de perfilhamento** Começa a 2°C a 3°C e aumenta entre 15°C e 19°C.

***J* Fase de colheita**A temperatura óptima para esta fase situa-se entre 16°C e 18°C.

Ambas as fases requerem temperaturas entre 20°C e 22°C.

Note-se que o primeiro passo é escolher a época de sementeira correta para evitar quaisquer danos causados por condições meteorológicas críticas e precoces (Lounis et al., 2017).

6-3- Iluminação

O trigo é uma planta de dias longos. A luz é considerada um parâmetro climático que intervém no fenómeno da fotossíntese, uma vez que os cereais de palha são plantas C3 que não necessitam de muita luz (Merouche et al. ,2015).A luz é a fonte de energia que permite à planta decompor o CO2 atmosférico para assimilar o carbono e realizar a fotossíntese dos hidratos de carbono. De acordo com Baldy (1992), a luz aumenta a capacidade de ramificação do trigo duro e aumenta a quantidade de matéria seca. Assim, para um bom perfilhamento, o trigo deve ser colocado em condições óptimas de luz. É necessária uma duração exacta do dia (fotoperiodismo) para a floração e o desenvolvimento das plantas (Gouasmi e Badaoui, 2017). Muitas vezes, o crescimento inicial requer baixa intensidade de luz (500 a 1000 lux) com um fotoperíodo de 12 a 16 horas de luz (Boukensous et al.2014).

6-4- Solo

O solo é o suporte da vegetação, a sua despensa e o seu reservatório de água (Girard et al.2005). O solo actua através das suas propriedades físicas, químicas e biológicas. A sua composição em elementos minerais, matéria orgânica e estrutura desempenham um papel importante na nutrição das plantas e, por conseguinte, na determinação da expetativa de rendimento das sementes (Olioso,

2006). O trigo duro requer um solo bem preparado e solto a uma profundidade de 12 a 15 cm para os solos argilosos e de 20 a 25 cm para os outros solos (Ouanzar, 2012).

Um solo argilo-calcário ou silto-argiloso favorece o enraizamento do trigo duro (Merouche et al., 2015), ao passo que um solo de textura ligeira, ácido ou com teores elevados de sódio, magnésio ou ferro é prejudicial à cultura do trigo duro (Merouche et al., 2015).

Merouche et al (2015), um valor de pH entre 6,5 e 7,5 parece ser favorável para as culturas de trigo. No entanto, o trigo duro é sensível ao calcário e à salinidade, e o sal pode afetar negativamente as taxas de germinação, o crescimento biológico e a produção de grãos (Merouche et al., 2015).

6-5- Fertilização

A fertilização com azoto e fósforo é muito importante nas regiões do Sara com solos esqueléticos. O trigo duro necessita dos três elementos essenciais seguintes

6-5-1-Nitrogénio (N)

É um elemento muito importante no desenvolvimento do mirtilo (Viaux, 1980), permitindo a multiplicação e o alongamento das folhas e dos caules, e um aumento da massa vegetativa.

6-5-2-Fósforo (P)

As necessidades teóricas de fósforo são estimadas em cerca de 120 kg P2O5/ha (Balaid, 1987 in Ouanzar, 2012).

6-5-3-Potássio (K)

Os cereais podem necessitar de mais potássio do que a quantidade contida aquando da colheita: 30 a 50 kg K/ha (Balaid, 1987 in Ouanzar, 2012).

6-6-Envernizamento

Consiste num período de temperaturas baixas, de que os cereais necessitam para a iniciação floral no outono (Boulal et al. 2007).

2- Importância e produção do trigo duro (Triticumdurum) no mundo e na Argélia

O trigo duro é uma cultura cerealífera secundária a nível mundial. É produzido principalmente na bacia mediterrânica (sul da Europa, Médio Oriente, Norte de África) e na América do Norte (centro do Canadá e norte dos EUA), onde é produzido um quarto do trigo duro mundial (Clerget. 2011). O trigo é um cereal com grandes desafios económicos. Em volume colhido, com uma estimativa de 2518,8Men 2013/2014.

> **Na Argélia**, o trigo é a principal cultura cerealífera do país. É cultivado em mais de um milhão de hectares por ano. A produção de cereais da campanha 2012/2013 foi de 49,1 milhões de quintais a nível nacional, menos 9 000 000 de quintais do que na campanha anterior. Em 2013, a seca atingiu as zonas de cultivo de cereais no leste do país. Esta situação provocou um aumento de 25% das quantidades de cereais importados pela Argélia. No entanto, este aumento em termos de quantidades não afectou o fator de importação, que diminuiu ligeiramente em 0,6% em relação ao ano anterior.

As importações totalizaram 3,16 mil milhões de dólares em 2013, contra 3,18 mil milhões de dólares no mesmo período de 2012, o que representa uma diminuição de 0,62%. Apesar de ter triplicado a sua produção desde a independência do país em 1962, a Argélia continua a ser um dos maiores importadores de cereais do mundo (Amarn, 2014).

3- O Tallage

Em botânica e nas Poaceae (Gramineae), o perfilhamento distingue entre nós inferiores que desenvolvem raízes adventícias e gemas adventícias que levam à formação de um tufo. Trata-se da formação de rebentos posteriores, que têm origem nos nós basais, subterrâneos, geralmente os que se encontram mais próximos da superfície da terra (Michel e Jean-Louis, 2011). Modo de desenvolvimento de certas gramíneas (a maior parte dos cereais de palha), que consiste na formação de um planalto de perfilhamento seguido da emissão de perfilhos. Por fim, o número de perfilhos emitidos por planta caracteriza o perfilhamento herbáceo. Este depende principalmente: da espécie, da variedade utilizada, do clima (temperaturas) do ano ou da região, da nutrição da planta e da profundidade da sementeira.

8-1- A origem dos perfilhos

Segundo Moule (1971), o perfilhamento caracteriza-se pela entrada em crescimento de diferentes gemas na axila de cada uma das primeiras folhas: é portanto um processo de ramificação simples. Os primeiros perfilhos (T1) aparecem geralmente na axila da primeira folha quando a planta se encontra no estádio "4 folhas". [emeeme]Este perfilho é constituído por uma pré-folha que envolve a primeira folha funcional dos perfilhos, que por sua vez cobre as outras, seguida pelos perfilhos da 2ª, 3ª e 4ª folha (Figura 09), a partir dos botões que se originam nas axilas das folhas correspondentes. Estes perfilhos são designados por perfilhos primários.

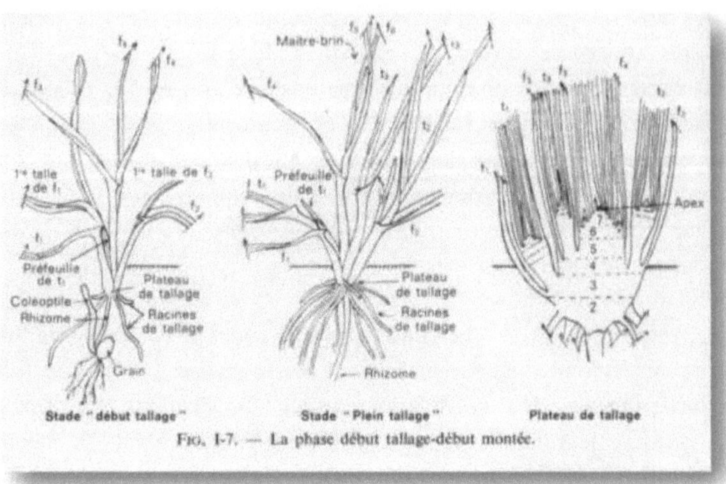

Figura 06. O platô de perfilhamento, a área ao redor da coroa onde os perfilhos são emitidos (Agric, 1977).

Cada um dos perfilhos primários dará origem a perfilhos secundários que, por sua vez, darão origem a tallestertiaries.

A capacidade de produzir um maior ou menor número de perfilhos secundários e terciários é uma caraterística específica e varietal.

8-2-A formação do planalto de perfilhamento

Segundo Ducreux (2002), nas plantas cerealíferas, a ramificação ocorre no ponto de contacto entre a raiz e o caule, podendo haver até 30 ramos, dependendo do tipo de planta (Evan, 1975). Após o aparecimento da terceira folha, ocorre um fenómeno designado por "pré-alongamento", em que a segunda falange que transporta o gomo terminal se alonga ao ponto de poder ser vista no caule.

No interior do coleóptilo (Jonard, 1951), este pára a 2 cm abaixo da superfície, qualquer que seja a profundidade da planta. Novas raízes aparecem no estádio da quarta folha com o aparecimento dos primeiros perfilhos na base do ramo.

De acordo com Michele et al (2006), após o início da germinação, o nó 2 (E2) alonga-se consideravelmente, atingindo dois cm da superfície. Os entrenós seguintes (E3, E4) permanecem curtos. Os gomos axilares formados nas axilas das folhas (F1, F2) desenvolvem-se para dar origem a novos caules folhosos, os perfilhos (T1, T2), formando assim o tabuleiro de perfilhamento.

8-3-Arquitetura de camas altas

Os perfilhos são identificados na axila da folha, ou profilo, ou no coleóptilo que emergiu dele (emergente) (Bos et al. 1998). Os perfilhos que crescem a partir das gemas no platô de perfilhamento são chamados de perfilhos primários, o perfilhamento inicial é determinado a partir da axila das gemas principais das primeiras folhas do caule principal e chamado de (T1, T2, T3   ), os perfilhos secundários que crescem a partir da axila do folíolo de T1, T2 e chamado de T1.1, T2.2, T3.3, etc., enquanto os perfilhos produzidos a partir do profilo são designados T1.0 T2.0 T3.0 ...,(Moeller et al., 2014) (Figura 10).

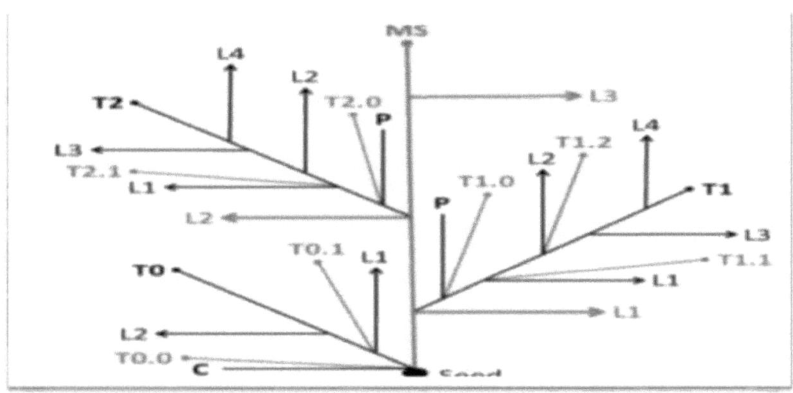

TOtalo de Coleoptile C. Tl.l T2.2: talo secundário
LI, L2. Folha *L3.* **T1.0 T2.0: P.** prophyll heel.

T1 T2 T3: estreia do talo. **MS:** haste principal. **T:** talo. **L:** folhas. **C:** *Coleóptilo,*

Figura 07. A formação ou arquitetura do
cauleMoller et *al,* 2014emZeddig, 2019

4- Factores que influenciam e promovem o perfilhamento

De acordo com Moule (1971), o número de perfilhos potenciais depende dos seguintes factores:

J A escolha da variedade do tipo de trigo duro As variedades diferem na sua capacidade de perfilhamento e na sua velocidade de desenvolvimento.

A sementeira precoce aumenta o número de perfilhos por planta.

A taxa de sementeira plantada a uma taxa elevada produz mais caules principais e menos perfilhos.

Condicionamento do solo/canteiro A má qualidade e a compactação do leito de sementeira atrasam o desenvolvimento inicial do perfilhamento.

Controlo de pragas contra lesmas, por exemplo.

Estado nutricional do solo: um solo fértil (com um elevado teor de azoto) favorece o aumento do número de perfilhos.

De um modo geral, quanto mais curta for a sementeira e quanto mais precoce for a sementeira, maior será o número de perfilhos por planta.

O número final de caules depende do número de perfilhos que sobrevivem para produzir epidermes. O número de perfilhos e a sua taxa de sobrevivência são influenciados por

Condições climatéricas de outono e inverno (para o trigo de inverno). O tempo frio atrasa a indução das folhas e dos perfilhos.

A aplicação de reguladores de crescimento vegetal serve geralmente para reduzir a dominância apical e aumentar o número e a taxa de sobrevivência dos perfilhos.

As aplicações de azoto aumentam o tamanho das folhas e o número de flores, bem como as suas hipóteses de sobrevivência.

Capítulo II

Aspectos gerais da modelação do crescimento

I. Contexto e questões

As plantas desempenham um papel essencial na sobrevivência humana e no equilíbrio do nosso ecossistema. Desde os primórdios da agricultura, o homem cultiva certas variedades de plantas para satisfazer as suas necessidades, nomeadamente para alimentação, vestuário, aquecimento ou, mais recentemente, para produzir biocombustíveis ou extrair moléculas de interesse terapêutico. Em muitos casos, estas plantas necessitam de quantidades de nutrientes e de água durante o seu ciclo de crescimento para se desenvolverem corretamente (Brisson et al, 2002).

A fertilização é um passo muito importante para garantir um bom crescimento e desenvolvimento das culturas, bem como rendimentos ópticos. Certos níveis de nutrientes são muito importantes para o bom crescimento das culturas e a otimização das estratégias de fertilização é uma questão importante em agronomia, que as abordagens baseadas na modelização podem ajudar a resolver.

II. Modelação agronómica

A modelização é habitualmente utilizada no domínio da agronomia para ajudar os investigadores e cientistas a compreender melhor as relações complexas entre as acções humanas, o contexto pedoclimático e as respostas do agroecossistema. Os modelos são também utilizados para fins de tomada de decisões, permitindo uma análise sistémica das consequências de uma mudança na gestão das culturas e uma avaliação dos riscos associados a essas mudanças.

III. A importância da modelação na agronomia

A modelização surgiu no domínio da agronomia há 25 anos, com os trabalhos de de Wit (1978) sobre a fotossíntese e a respiração, e ocupa atualmente um lugar importante. Tirando partido das possibilidades abertas pelo desenvolvimento das tecnologias da informação, a modelação tornou-se a ferramenta essencial para a compreensão dos mecanismos envolvidos na produção vegetal e para a invenção de novas técnicas. De facto, a simulação através de modelos de culturas oferece por um lado, a oportunidade de extrapolar os conhecimentos adquiridos a partir de um pequeno número de experiências para uma gama mais vasta de condições. Por outro lado, permite quantificar simultaneamente os efeitos de diferentes factores no desempenho do sistema em estudo (Boote et al. 1996). Oferece também a possibilidade de explorar uma gama mais vasta de situações num período de tempo mais curto (Semenov et al. 2009). Além disso, os modelos são ferramentas que dão acesso a uma variedade de indicadores de difícil acesso por via experimental, como os fluxos de solutos ou de compostos gasosos. Podem também ser utilizados para compreender alterações a muito longo prazo nos sistemas de cultivo.

IV. Noções básicas de modelação

Um modelo é "uma formulação simplificada que imita fenómenos do mundo real de tal forma que nos permite compreender situações complexas e fazer previsões. Na sua forma mais simples, os modelos podem ser verbais ou gráficos, ou seja, constituídos por enunciados concisos ou representações pictóricas.

"(Odum, 1975) in (Gate, 1995).

Um modelo pode ser expresso na seguinte forma matemática simples (Minet &Tychon, n.d.):

Equação 1

$F = M (x. p)$

Onde Y representa a(s) variável(eis) explicada(s) pelo modelo (a variável de saída); X a(s) entrada(s) do modelo e p os parâmetros do modelo (Minet &Tychon, n.d.). As variáveis de entrada são as variáveis observadas ou medidas em todas as situações em que o modelo é aplicado. No caso dos modelos ecofisiológicos capazes de descrever o crescimento e o desenvolvimento das culturas, estas variáveis podem incluir dados meteorológicos, caraterísticas relacionadas com as práticas culturais (data de sementeira, datas e doses de aplicação de fertilizantes), etc. (Dumont et al. 2012). os parâmetros do modelo são valores constantes para todas as situações estudadas. Voltando aos modelos ecofisiológicos, os parâmetros destes modelos podem ser o teor de água na capacidade de campo e no ponto de murcha. Para cada horizonte do solo, estes valores são constantes utilizadas para calcular a reserva de água do solo (Dumont et al. 2012). Por conseguinte, é importante encontrar os melhores parâmetros possíveis para obter valores de saída que correspondam às observações. Por esta razão, a fase de calibração é uma etapa importante na criação de modelos (Minet &Tychon, n.d.).

4-1-Tipos de modelos

Existem diferentes tipos de modelos. Entre estes, foram selecionados dois tipos selecionados:

4-1-1- Modelos estatísticos

Construídos a partir de leis estatísticas, estes modelos baseiam-se em relações como a regressão sobre uma ou várias variáveis explicativas. São simples de utilizar e permitem identificar rapidamente as variáveis explicativas mais importantes (Gate, 1995).

4-1-2- Modelos mecânicos

Estes modelos são mais complexos porque integram os principais processos envolvidos no sistema em estudo (El Hassani &Persoons, 1994). Por exemplo, no caso dos modelos utilizados em ecofisiologia, o objetivo é reproduzir as reacções da planta ou da cultura. Baseiam-se em leis e funções fisiológicas conhecidas. São utilizados diferentes dados de entrada para alimentar estes modelos: dados de origem interna relativos às propriedades da planta (genética, etc.) e dados de origem externa (dados meteorológicos, pedológicos, etc.) (Gate, 1995; Rauff & Bello, 2015). A principal dificuldade destes modelos é a sua validação (El Hassani &Persoons, 1994).

4-2- Criação de modelos

A primeira etapa da criação de um modelo consiste em adquirir conhecimentos sobre o fenómeno que se pretende estudar. Isto permitirá fazer diferentes escolhas, nomeadamente no que diz respeito aos factores explicativos. Em seguida, é importante definir o domínio de utilização do modelo, o que permitirá definir o desenho experimental (Gate, 1995).

A última etapa consiste na construção efectiva do modelo e, por conseguinte, na escolha de ferramentas matemáticas ou estatísticas para o tratamento dos dados. Esta escolha dependerá do tipo de dados a utilizar e do objetivo do modelo (Gate, 1995).

4-3 Calibração do modelo

A calibração de um modelo implica o ajustamento dos seus parâmetros, a fim de melhorar a previsão das variáveis de saída. O objetivo da calibração é, portanto, melhorar o modelo. Esta operação é efectuada em condições climáticas específicas ou outras, em função da zona de estudo em que o modelo será utilizado. Uma vez produzido, o modelo calibrado terá um valor de previsão mais local do que universal (Minet e Tychon, s.d.).

4-4-Validação de modelos

A fase de validação é uma etapa essencial da conceção do modelo. Esta fase permite determinar se o modelo explica o fenómeno em estudo com precisão suficiente ou se todas as situações podem ser explicadas com o mesmo nível de precisão (Gate, 1995).

A primeira etapa da validação pode consistir em comparar os valores observados e simulados através de testes estatísticos. Além disso, a análise dos erros residuais entre os valores simulados e observados é frequentemente considerada para avaliar o desempenho do modelo (Dumont et al, 2012).

O método mais simples consiste em calcular a diferença entre a variável medida () e a variável estimada pelo modelo (y):

Equação 2

$$= y - y'$$

O desvio pode então ser calculado da seguinte forma:

Equação 3

$$Biais = \sqrt{\frac{1}{N}} + \overline{\sum_{i=0}^{n} D} = 1$$

Nesta equação, N representa o número de pares de valores (medição - estimativa). No entanto, este método é insuficiente para avaliar a qualidade de um modelo. É por isso que se utiliza a raiz quadrada da raiz do erro quadrático médio (Rmse, RootMean Square Error) (Dumont et al, 2012).

Equação 4

$$RMSE = \sqrt{\frac{1}{N}} \overline{\sum_{i=0}^{n} (\gamma - \gamma)}$$

O valor obtido pelo RMSE é fácil de interpretar porque é expresso nas mesmas unidades que os valores observados. No entanto, há que ter cuidado com o significado deste valor, uma vez que, ao elevar ao quadrado o desvio, é dado maior peso aos erros maiores. O valor ideal para o erro quadrático médio é 0 (Dumont et al., 2012).

V. O modelo de regressão linear simples

A regressão linear é um método de modelação utilizado para estabelecer uma relação linear entre uma variável contínua conhecida como a variável "explicada" ou dependente e um conjunto de outras variáveis contínuas conhecidas como variáveis "explicativas" ou independentes.

Mais especificamente, propõe um modelo explicativo que prevê a variável dependente em função das variáveis independentes.

Este módulo é dedicado ao estudo da regressão linear simples para modelar a relação preditiva entre a variável dependente e uma única variável independente. Esta modelação é utilizada para desenvolver os conceitos básicos da regressão multivariada.

A regressão pode ser utilizada para substituir uma variável difícil de observar por outra variável relativamente simples de medir (Louis , 2016).

5-1-Linha de regressão

Para começar, vamos utilizar o modelo mais simples para exprimir a relação entre X e Y. A relação entre as duas caraterísticas é representada graficamente por uma reta de regressão $y = a.x + b$.

Além disso, a linha que passa "mais centralmente" pela nuvem de pontos corresponde à linha para a qual a soma dos quadrados dos desvios verticais dos seus pontos é mínima. Por outras palavras, o nosso modelo terá em conta a dispersão da nuvem de pontos para calcular os coeficientes estimados a e b da equação da reta de regressão. Em matemática, este método **é designado por linha dos mínimos quadrados** (Guillaume, 2020).

Para este método, obtemos os seguintes coeficientes:

$$a = \frac{Cov(x,y)}{V(x)} \qquad \bar{y} = \frac{1}{n}\sum_{i=1}^{n} Yi$$

$$b = \bar{y} - a\bar{x} \qquad \bar{x} = \frac{1}{n}\sum_{i=1}^{n} Xi$$

5-2-Variância explicada e variância residual

Como vimos anteriormente, o método dos mínimos quadrados é utilizado para obter a linha que minimiza a soma dos quadrados das diferenças entre os valores Y previstos e observados. Isto significa que a regressão pode ser escrita como Y = a.x + b + E , onde **E é a variável aleatória do desvio** vertical de cada ponto em relação ao valor previsto (linhas verdes no gráfico anterior).

Em primeiro lugar, podemos mostrar que as variáveis aleatórias a.x + b e E são independentes. Obtêm-se então duas fórmulas de variância, a variância explicada **Var(a.x+b)** e a variância residual **Var(E)**. Por fim, estas variâncias podem ser tidas em conta nos testes de hipóteses do coeficiente de correlação (Guillaume, 2020).

5-3- Qualidade da regressão

[2]Finalmente, a regressão linear pode ser utilizada para atribuir um indicador de qualidade chamado **coeficiente de determinação R** . Este indicador é bem conhecido dos utilizadores do MS Excel, pois pode ser obtido ao mesmo tempo que o gráfico e a equação da reta de regressão.

Para o obter, é necessário comparar as diferenças entre o gráfico de dispersão e o modelo de previsão obtido. A partir do traço da reta de regressão (y_i), do centro de gravidade (y) e da nuvem de pontos (y_i), calculamos a seguinte **tabela de análise de variância**:

Quadro . 2Análise de variância em regressão linear

Fonte de variação	Definição	Formulário
SCE	Soma dos quadrados explicados	$SCE = \sum(\hat{y}_i - \bar{y})^2$
SCR	Soma dos quadrados residuais	$SCR = \sum(y_i - \hat{y}_i)^2$
SCT	Soma dos quadrados totais	$SCT = SCE + SCR$

O cálculo de SCE e SCR lembra em parte o cálculo de uma variância, porque temos a soma dos desvios de um valor de referência ao quadrado.

$$R^2 = \frac{SCE}{SCT} = 1 - \frac{SCR}{SCT}$$

[2]O valor de R é então tido em conta na nossa reflexão. $R^2 = [0;1]$.

- **Se R2 = 0**, então o modelo não explica nada, as variáveis X e Y não estão linearmente correlacionadas.
- **Se R2 = 1**, então os pontos estão alinhados na reta e a relação linear explica toda a variação.
- Entre estes dois valores, cabe-lhe a si avaliar se a relação linear é válida ou não.

Em conclusão, este coeficiente de determinação permite-nos também avaliar a correlação entre as nossas duas variáveis aleatórias X e Y. No entanto, cuidado com **o efeito cegonha**! Correlação não é causalidade, e a estatística pára onde a razão tem precedência. Por conseguinte, será necessário aprofundar a literatura científica para concluir se a sua regressão linear é biologicamente pertinente... (Guillaume, 2020)

Capítulo III

Materiais e métodos

I. Localização da experiência

Este trabalho foi efectuado no Jardin de l'universite de 20aout 1955 a Skikda, faculte des sciences, departement d'agronomie hors sol.

II.Equipamento utilizado

2-1-Equipamento de laboratório

utilizámos as seguintes ferramentas

- Balancenumerique
- Nitrogénio
- Placa de Petri
- espátula

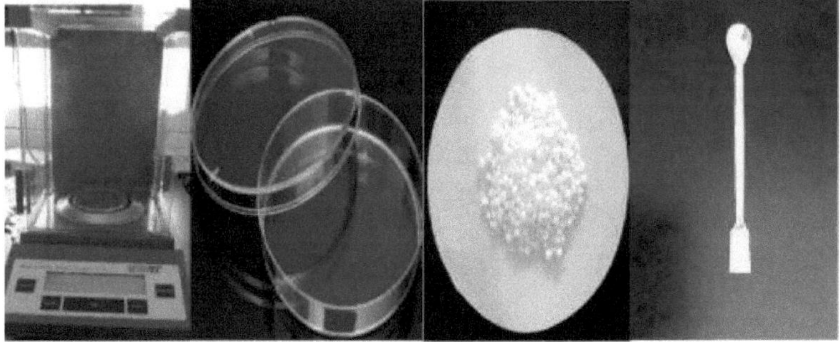

Balança digital Placa de petri com azoto   espátula

2-2-Equipamento de cultivo

utilizámos as seguintes ferramentas

- Panela
- Solo
- Pá
- Machado

2-3-Material vegetal utilizado

O estudo incidiu sobre quatro variedades de trigo duro (Triticumdurum), tanto locais como importadas: Amar 06, Antalis, Simeto e oued el bared. Fornecidas pela filial Constantine cerealiere, o complexo industrial e comercial de El Harrouch (Agrodiv).

A origem destas variedades **é indicada no quadro 04** infra.

Quadro 03Pedigree e origem das variedades estudadas

Nome	Pedigree	Origem
Simeto	Capeiti x valvona	Itália
Antalis	S/BitSCD26406	Itália

| Amar 06 | ID94.0920-C-OAP.7AP | Argélia |
| Oued el bared | GTA dUR /OFANTO-DZ- ITGC-SET-008-2004/2005-15-3S-0S | Argélia |

III. Caraterísticas pedagógicas

O solo é o suporte da vegetação e das culturas, e as suas propriedades físicas e químicas têm uma influência considerável no rendimento e na saúde das culturas.

A tabela nº 04 apresenta as caraterísticas pedológicas do solo utilizado no nosso estudo.

Elementos	Meios
Ph	6,6
Condutividade (ms/cm)	/
C/N	/
Carbonatos (%)	/
Potássio (ppm)	0,5
Magnésio (meq/100g)	4,0
Cálcio (meq/100g)	8,6
Sódio (meq/100g)	0,7
Argila (%)	320
Areia (%)	220
Silte (%)	210

IV. Método experimental

O ensaio em vasos de plástico com um diâmetro de 14 cm e uma altura de 16 cm (figura 08) foi instalado no jardim da Universidade de Skikda (Complexe Massoud Boukadoum). Foram utilizados 4 genótipos, com uma média de 8 repetições para cada genótipo:

4 genótipos x 8 iterações = 32 unidades experimentais distribuídas.

De acordo com o quadro 05, repartição das unidades experimentais **(Instalação experimental)**

\ Variedades Repetições^	Variedade s			
	G1 (1)	G2(1)	G3(1)	G4 (1)
Repetições	G1 (2)	G2(2)	G3(2)	G4 (2)

G1(3)	G2(3)	G3 (3)	G4 (3)
G1(4)	G2(4)	G3 (4)	G4 (4)
G1(5)	G2(5)	G3(5)	G4(5)
G1(6)	G2(6)	G3(6)	G4(6)
G1(7)	G2(6)	G3	G4

Figura 08: Cultivo do solo das variedades estudadas.

4-1-Imbibição e germinação

Este trabalho foi realizado na estufa e no laboratório de química do solo da Universidade de 20 de agosto de 1955 em Skikda, Faculdade de Ciências, Departamento de Agronomia. As sementes de trigo (*Triticumdurum*) foram colocadas em água destilada durante 24 horas para imbibição em 19/12/2022.

As sementes foram então germinadas em placas de Petri cobertas com duas camadas de papel de seda humedecido com água destilada à temperatura do laboratório, onde expusemos um grupo de plantas à luz e colocámos o segundo grupo na escuridão total (Figura.09).

Acompanhamos as sementes desde que as mantenhamos húmidas até ao aparecimento do coleóptilo e da primeira folha, para que possam ser plantadas no solo.

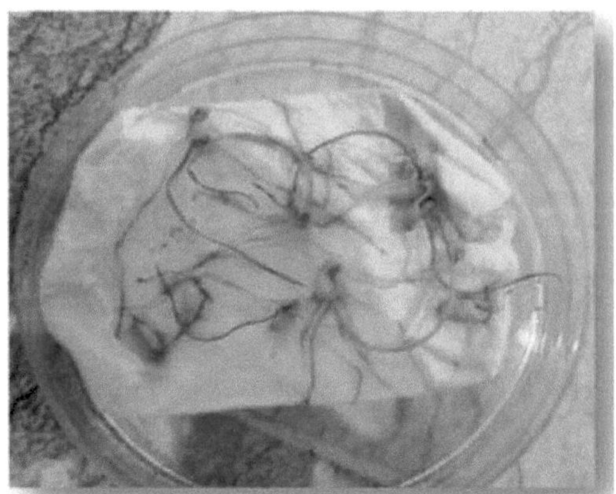

Figura 09: Teste de germinação de sementes.

4-2-Plantação

A sementeira foi efectuada em 25/12/2022 a uma densidade de 4 grãos (sementes germinadas) por vaso, a uma profundidade aproximada de 1,5 cm, manualmente.

Figura 10 Plantação de sementes

4-3-Água

As plantas são regadas regularmente duas vezes por semana com eunormale, conforme necessário, até ao fim do ciclo biológico.

As condições experimentais foram realizadas em condições naturais e foram normalizadas nas experiências em termos de meio de cultura (solo) e de condições climáticas (quantidade de luz, temperatura e rega).

4-4-Publicações técnicas

O ensaio é mantido regularmente por monda manual e pela aplicação suplementar de uma adição de azoto a quatro dos oito vasos de cada variedade à superfície dos vasos na fase de perfilhamento (após a emissão da 4ª folha) em 21/03/2023. Adição de 4g por vaso. Porque corrige a falta de nutrientes no solo. **4-5-Colheita A** colheita é efectuada manualmente no final do ano... para todas as variedades.

Figura . 11 Colheita manual das variedades **Figura 12** Colheita manual das variedades com   tratamentossem tratamentos

V. Fertilização com azoto

Adicionámos azoto a quatro dos oito vasos de cada réplica à superfície dos vasos na fase de perfilhamento (após a emissão da 4ª folha) em 21/03/2023. onde utilizámos esta relação para calcular a dose de azoto adicionada.

1h >2000000g

S > X

Aplicando a relação, verificamos que no espaço de cada vaso 200,96 cm colocamos Dosagem 4,01g de azoto e colocamo-lo em cada vaso.

VI. Parâmetros medidos

7-1-Caracteres

morfologia 7-1-1O número de perfilhos

Foi determinado selecionando oito vasos em cada variedade, quatro vasos antes do tratamento e quatro vasos após o tratamento (fertilização com azoto) e comparando os resultados.

7-1-2- Altura da planta

O comprimento das plantas foi medido desde o início do caule até à extremidade das barbas durante a fase de maturação.

7-2-Componentes de desempenho

7-2-1-Número de espigas por vaso (NE/vaso)

O número de espigas em cada vaso foi contado diretamente.

7-2-2-Epis languor

O epis languor foi calculado a partir do epis pass expremite até ao epis final cimeira.

7-2-3-Número de grãos/epis

O número de grãos por espiga foi contado diretamente.

7-2-4- O peso de 1000 grãos

O ponto de 1000 grãos foi estimado com base nos grãos disponíveis.

7-2-5-Dosagem de azoto

Foi determinado selecionando quatro repetições de oito para cada variedade.

VII.Métodos de análise estatística

A análise estatística dos dados obtidos foi efectuada utilizando o software Excel stat ANOVA para a análise de variância.

I. Estudo morfológico do perfilhamento

De acordo com os nossos resultados, esta fase começa com o alongamento do caule e o aparecimento da primeira folha até ao aparecimento da sétima (07) folha. Durante o acompanhamento das plantas, registámos as datas no quadro 06

Tabela 06. Datas de emissão das folhas.

Variedades ^{0}N folhas	Simeto	Oued el bared	Amar 06	Antalis
1ª folha	7 dias	8 dias	7 dias	8 dias
2ª folha	15 dias	18 dias	17 dias	17 dias
3ª folha	29 dias	31 dias	30 dias	31 dias
4ª folha	36 dias	39 dias	38 dias	40 dias
5ª folha	45 dias	46 dias	45 dias	47 dias
6ª folha	55 dias	57 dias	56 dias	57 dias
7ª folha	62 dias	64 dias	63 dias	63 dias

As datas de emissão dos perfilhos das variedades **estudadas** foram registadas **no quadro 8 abaixo.**

Quadro 07 - Datas de emissão dos rebentos

Variedades N.º de perfilhos	Simeto	Oued el bared	Amar 06	antalis
1 calcanhar	36 dias	38 dias	37 dias	38 dias
2 motocultivadores	43 dias	45 dias	44 dias	45 dias
3 motocultivad	50 dias			

ores						

Monitorizámos o aparecimento de perfilhos (desde a fase inicial de perfilhamento até à fase final de perfilhamento).

De acordo com os nossos resultados, o aparecimento dos primeiros perfilhos começa quando a sétima folha é emitida. A formação dos perfilhos é acompanhada pela formação de raízes adventícias para satisfazer as necessidades nutricionais destes novos órgãos.

II. Efeito das doses de azoto sobre os componentes da rendimento 2-1- Efeito da dose de azoto no número de perfilhos
Com tratamento (fertilização azotada)

O estudo da revolução do número de perfilhos nas quatro variedades após o tratamento (adição de azoto) figura 13, este resultado mostrou que os componentes respondem positivamente à fertilização azotada de modo que os resultados registados dão que o entre 12 e 7 perfilhos, em troca os valores mais baixos foram registados para a variedade Antalis e Oued el bared entre 10 e 5 perfilhos. Os resultados mostram que o azoto aumenta o número de perfilhos, pelo que a fertilização azotada melhora o perfilhamento.

Número de perfilhos das variedades tratadas com azoto

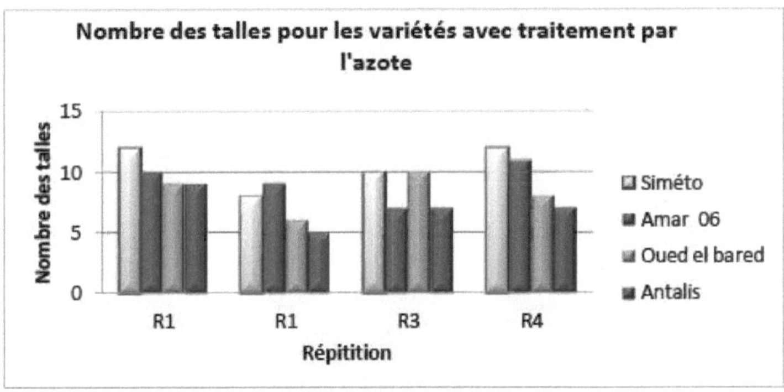

Figura N°13 . Número de perfilhos das variedades tratadas com azoto

Quadro 08. Número de perfilhos das variedades tratadas com azoto

N° de perfilhos variedade	R1	R2	R3	R4	□	Variação	S
Simeto	12	8	10	12	10, 5	3,66	1,9 1
Amar 06	10	9	7	11	9,2 5	2,91	1,7 0
Oued el bared	9	6	10	8	8,2 5	2,97	1,7 1

31

Antalis	9	5	7	7	7	2,66	1,6 3

sem tratamento

O estudo da evolução do número de perfilhos nas quatro variedades sem
tratamento com azoto (Figura N°14) mostrou que o número pesou entre 6 e 1
perfilhos onde os valores mais altos foram registados na variedade simeto com 6
perfilhos e amar 06 5 perfilhos enquanto os valores mais baixos foram
registados nas variedades oued el bared e antalis entre 4 e 1 perfilhos.

Número de perfilhos das variedades não tratadas com azoto

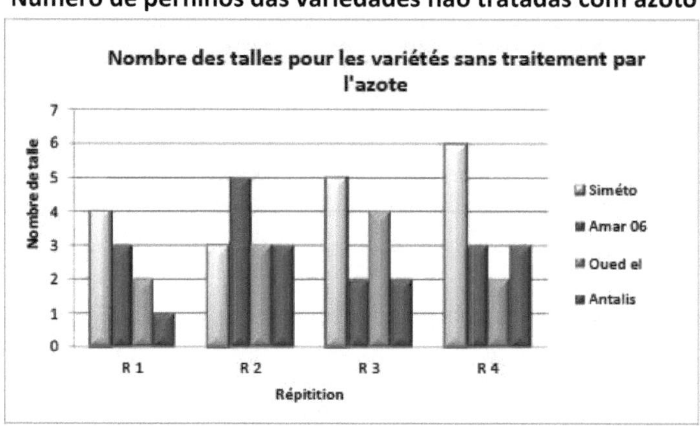

Figura N°14 . Número de perfilhos das variedades sem tratamento com azoto

Tabela 09. Número de perfilhos das variedades sem tratamento com azoto

N° de perfilhos variedade	R1	R2	R3	R4	X	Variação	S
Simeto	4	3	5	6	4,5	1,66	1,2 8
Amar 06	3	5	2	3	3,2 5	1,58	1,2 5
Oued el bared	2	3	4	2	2,7 5	0,91	0,9 5
Antalis	1	3	2	3	2,2 5	0,91	0,9 5

2-2- Efeito da dose de azoto na altura das plantas

Sem tratamento

O estudo da revolução da altura da planta nas quatro variedades sem tratamento
por azoto (Figura N°15), mostrou que a altura entre 55 cm e 49cm onde os
valores mais elevados foram registados na variedade Simeto com 55cm e
amar06 com 50cm enquanto que na variedade amar06 com 50cm.

os valores mais baixos foram registados para as variedades oued el bared e Aantalis entre 44 cm e 48 cm.

Altura da planta para variedades não tratadas com azoto

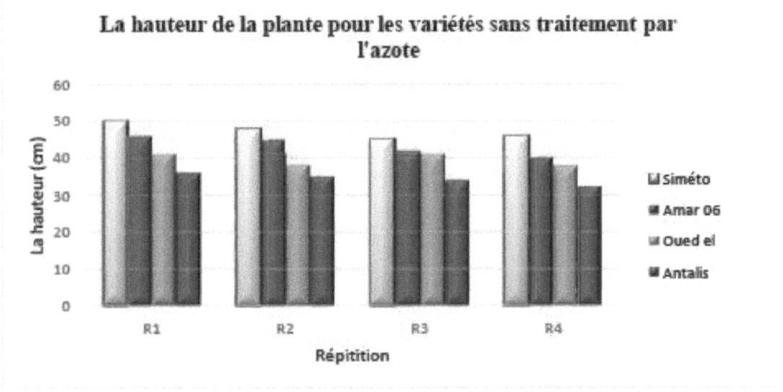

Figura N°15 . Altura das plantas para as variedades sem tratamento com azoto

Tabela 10. Altura das plantas das variedades sem tratamento com azoto

N.º de perfilhos variedade	R1	R2	R3	R4	X	Variação	S
Simeto	50	46	41	36	43,2 5	36,91	6,0 7
Amar 06	48	45	38	36	41,5	36,33	6,0 2
Oued el bared	45	42	41	34	40,5	21,66	4,6 5
Antalis	46	40	38	32	39	33,33	5,7 7

Com tratamento (fertilização azotada)

O estudo da evolução da altura da planta nas quatro variedades após o tratamento (Figura N°16), este resultado mostrou que as compasants respondem positivamente à fertilização azotada de modo que os resultados registados dão que a altura da planta entre 36 e 63 cm, os valores mais altos foram registados nas variedades Simeto e Amar 06 entre 50 e 63 cm, em troca os valores mais baixos foram registados na variedade Antalisbared entre 36 e 45 cm. Os resultados mostraram que a fertilização azotada melhorou a altura das plantas.

Altura das plantas das variedades tratadas com azoto

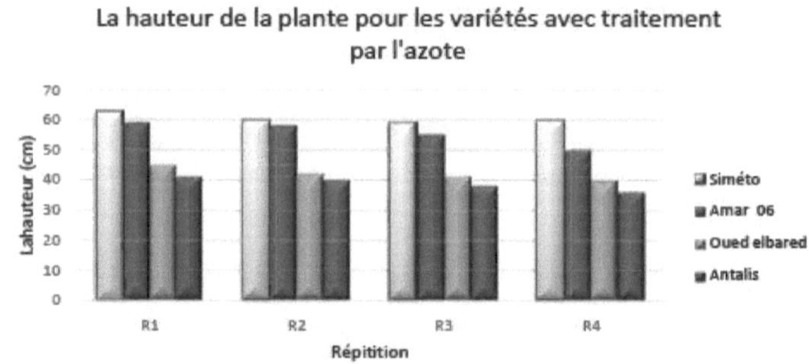

Figura N°16 . Altura das plantas para as variedades sem tratamento com azoto

Tabela 11. Altura das plantas das variedades sem tratamento com azoto

N.º de perfilhos variedade	R 1	R 2	R 3	R4	X	Variação	S
Simeto	63	60	59	60	60,5	3	1,73
Amar 06	59	58	55	50	55,5	16,33	4,04
Oued el bared	45	42	41	40	42	4,66	2,15
Antalis	41	40	38	36	38,7 2	5,70	2,38

2-3- Efeito da dose de azoto no número de espigas/vaso

J **Sem tratamento**

O estudo da revolução do número de espigas nas quatro variedades sem tratamento por azoto (Figura N°17), mostrou que o número de espigas por vaso entre 6 e 1 espiga ou os valores mais elevados foram registados na variedade Simeto com 6 perfilhos e Amar 06 com 5 perfilhos enquanto os valores mais baixos foram registados nas variedades Oued el bared e Antalis entre 4 e 1 espiga.

O número de episódios para as variedades sem tratamento com azoto

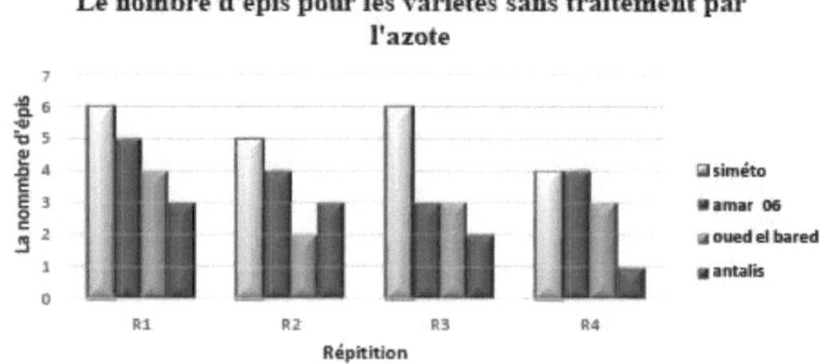

Figura N°17 . O número de úberes das variedades não tratadas com

34

azoto

Quadro 12 . número de úberes das variedades não tratadas com azoto

N.º de perfilhos variedade	R 1	R 2	R 3	R 4	X	Variação	3
Simeto	4	3	5	6	4,5	1,66	1,2 8
Amar 06	3	5	2	3	3,2 5	1,58	1,2 5
Oued el bared	2	3	4	2	2,7 5	0,91	0,9 5
Antalis	1	3	2	3	2,2 5	0,91	0,9 5

Com tratamento (fertilização azotada)

O estudo da revolução do número de espigas por vaso nas quatro variedades após o tratamento (Figura nº 18), este resultado mostrou que as compasants respondem positivamente à fertilização azotada de modo que os resultados registaram que o número de grãos entre 12 e 5 espigas, Os valores mais elevados foram registados para as variedades Simeto e Amar 06 entre 12 e 9 espigas, enquanto os valores mais baixos foram registados para as variedades Antalis e Oued el bared entre 9 e 5 espigas. Os resultados mostraram que a fertilização azotada melhorou o número de espigas por vaso.

O número de plantas por vaso para as variëtës tratadas com azoto

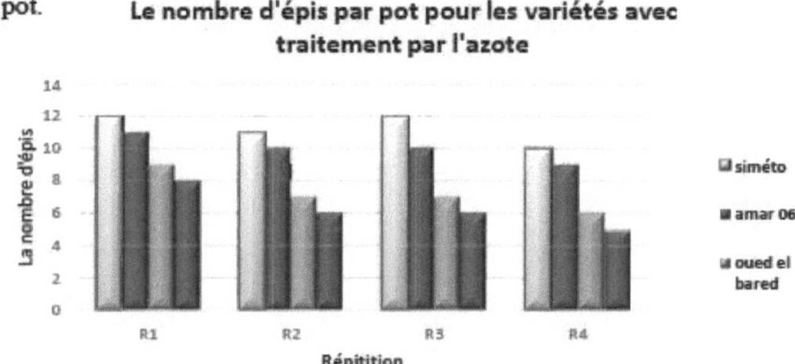

Figura N°18 . número de pis por vaso para as variedades sem tratamento azotado

Quadro 13: Número de plantas por vaso para as variedades não tratadas com azoto

N° de perfilhos variedade	R1	R 2	R3	R 4	X	Variação	S
Simeto	12	8	10	12	10, 5	3,66	1,9 1
Amar 06	10	9	7	11	9,2 5	2,91	1,7 0
Oued el bared	9	6	10	8	8,2 5	2,97	1,7 1
Antalis	9	5	7	7	7	2,66	1,6 3

2-4- Efeito da dose de azoto no número de grãos por espiga
Com tratamento (fertilização azotada)

O estudo da variação do número de grãos por espiga nas quatro variedades após o tratamento (Figura n° 19) mostrou que as compasants responderam positivamente à fertilização azotada, de modo que os resultados registados deram o número de grãos entre 44 e 30 grãos, os valores mais elevados foram registados nas variedades Simeto e Amar 06 entre 44 e 42 grãos, enquanto os valores mais baixos foram registados nas variedades Antalis e oued el bared entre 36 e 30 grãos.Os resultados mostraram que a fertilização azotada melhorou o número de grãos por espiga.

Número de grãos por espiga para as variedades tratadas com azoto

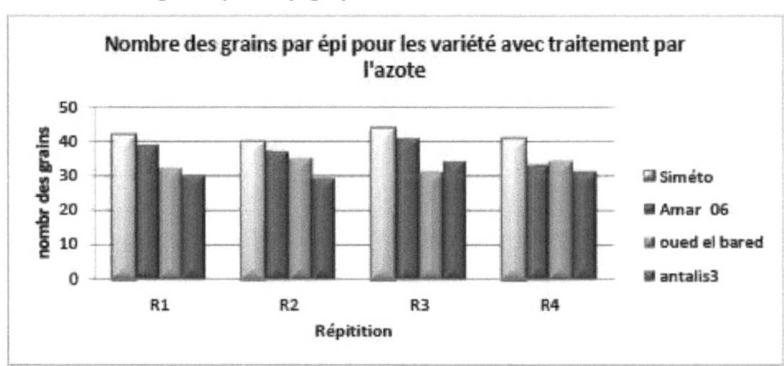

Figura N°19 . número de grãos por espiga para as variedades tratadas com azoto

Quadro 14: Número de grãos por espiga para as variedades tratadas com azoto

N.º de variedades de grãos	R1	R2	R3	R4	X	Variação	S
Simeto	42	40	44	41	41,7 5	2,91	1,70
Amar 06	39	37	41	33	37,5	11,66	3,41
Oued el bared	32	35	31	34	33	3,33	1,82
Antalis	30	29	34	31	31	4,66	2,15

Sem tratamento

O estudo da evolução do número de grãos nas quatro variedades sem tratamento com azoto (Figura N°20) mostrou que o número de grãos entre 30 e 20 grãos, os valores mais elevados foram registados nas variedades Simeto e Amar06 entre 30 e 24 grãos em comparação com as outras duas variedades Oued el bared e Antalis de (23 e 19) respetivamente.

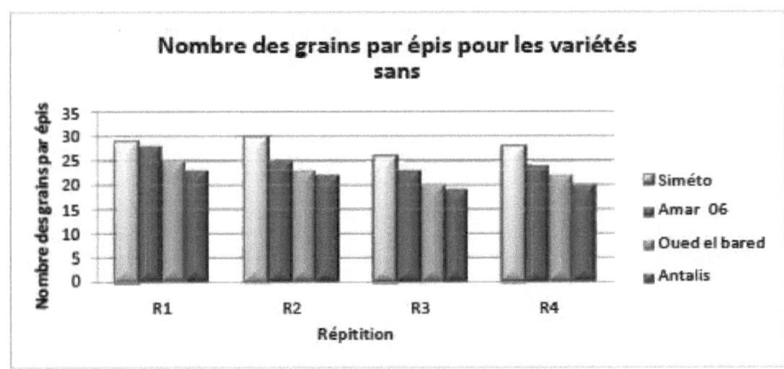

Figura N°20 . Número de grãos por espiga para as variedades sem tratamento com azoto

Tabela 15. Número de grãos por espiga para as variedades sem tratamento com azoto

N.º de variedades de grãos	R1	R2	R3	R4	X	Variação	S
Simeto	29	30	26	28	28,2 5	2,91	1,70
Amar 06	28	25	23	24	25	4,66	2,15
Oued el bared	25	23	20	22	22,5	4,33	2,08
Antalis	23	22	19	20	24	15,33	3,9

2-5- Efeito da dose de azoto no comprimento da espiga

Com tratamento (fertilização azotada)

O estudo da revolução do comprimento das espigas nas quatro variedades após o tratamento (Figura 21), este resultado mostrou que os compostos respondem positivamente à fertilização azotada de modo que os resultados registados dão que o comprimento das espigas entre 8 e 6 cm, Os valores mais elevados foram registados nas variedades Simeto e Amar 06 entre 8 e 7,1 cm, enquanto os valores mais baixos foram registados nas variedades Antalis e oued el bared entre 6,15 e 6 cm.Os resultados mostraram que a fertilização azotada melhorou o comprimento da espiga.

Duração dos episódios para as variedades com tratamento com azoto

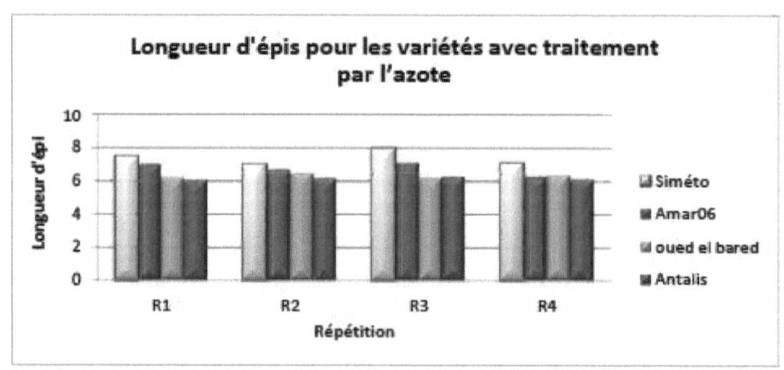

Figura N°21. Epis lag para as variedades com tratamento azotado
azoto

Tabela 16. Duração dos episódios para as variedades com tratamento de azoto

N.º de variedades de grãos	R1	R2	R3	R4	X	Variação	S
Simeto	7,5	7	8	7,0 8	7,39	1,39	1,17
Amar 06	7	6 ,68	7,1	6,2 5	6,75	0,14	0,37
Oued el bared	6,1 9	6,50	6,15	6,3 3	6,29	0,025	0,15
Antalis	6	6,1	6,25	6,0 6	6,10	0,01	0,1

Sem tratamento

Um estudo da evolução do comprimento da espiga nas quatro variedades sem tratamento azotado (figura n° 22) mostrou que o comprimento da espiga variava entre 6 e 5,20 grãos, com os valores mais elevados registados nas variedades Simeto e Amar 06, entre 6 e 5,88 cm, em comparação com as outras duas variedades, Oued el bared e Antalis, entre 23 e 19 cm, respetivamente.

Epis lag para variedades sem tratamento com azoto

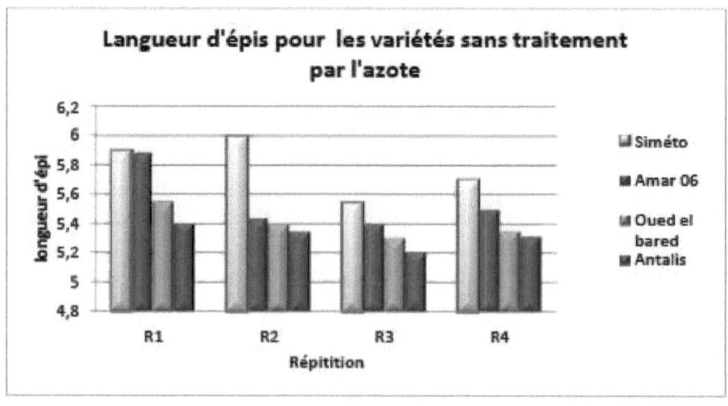

Figura N°22 . Epis lag para variedades sem tratamento com azoto

38

azoto

Tabela 17. Duração dos episódios para as variedades sem tratamento com azoto

Grão não. Variedades	R1	R2	R3	R4	X	Variação	S
Simeto	5,9	6	5,5 5	5,7	5,78	0,04	0,2
Amar 06	5,8 8	5,4 4	5,4	5,5	5,55	0,04	0,2
Oued el bared	5,5 5	5,3 9	5,3	5,3 5	5,39	8,53	2,9
Antalis	5,4 0	5,3 4	5,2 0	5,3 1	5,3	7,23	2,6 8

2-6- Efeito sobre o peso de 1000 grãos

Sem tratamento

A figura n° 23 mostra que mil grãos sem tratamento pesaram entre 31,19g e 15,9g. Onde os maiores valores foram registados nos indivíduos Simeto como o maior valor e Amar 06 como o menor.

os valores mais baixos foram registados em Antalis e Oued el barrado.

Peso de 1000 grãos sem tratamento com azoto

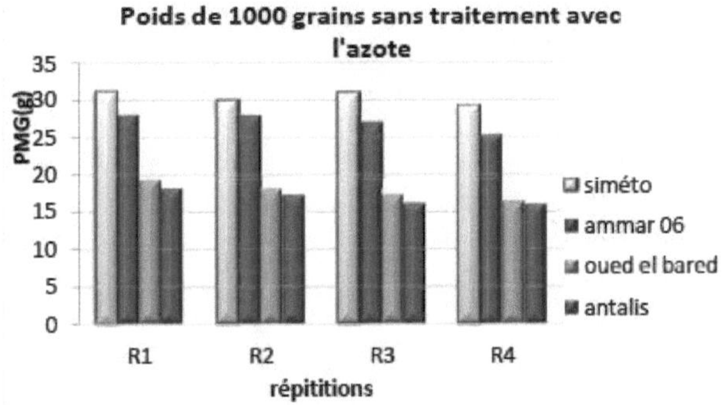

Figura N°23 . Peso de 1000 grãos para variedades sem tratamento com azoto

Tabela 18. Peso de 1000 grãos para variedades sem tratamento com azoto

Grão não. Varierex.	R1	R2	R3	R4	X	Variação	S
Simeto	31,1 9	30	31,0 3	29,2 5	30,3 6	0,82	0,9 0
Ammar 06	28	27,9	27	25,3	27,0 5	1,92	1,3 8
Oued el bared	19,3 1	18	17,2 2	16,3 7	17,7 2	1,55	1,2 4

39

| Antalis | 18,1 | 17,1 6 | 16,0 5 | 15,0 9 | 16,8 0 | 1,06 | 1,0 2 |

Tabelas 10 e 10Análise de variância **média das** caraterísticas **morfológicas e dos componentes do rendimento com e sem tratamento com azoto.**

Com tratamento

O estudo da evolução do peso de 1000 sementes tratadas com azoto (figura 24) mostrou que esta componente responde positivamente à adubação azotada.

De facto, uma única aplicação de azoto no perfilhamento produziu o PMG mais baixo de 44,13 g, enquanto o PMG mais elevado foi de 55,5 g na variedade Simeto, para a qual a fertilização azotada melhorou o PMG do trigo duro (Mandic et al; 2015).

Peso de 1000 grãos tratados com azoto

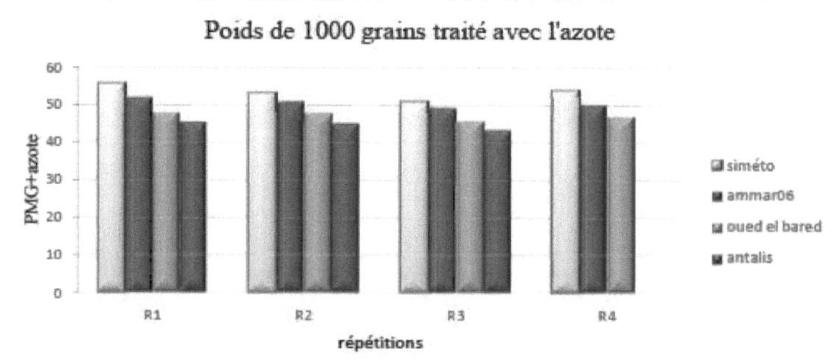

Figura N°24 . Peso de 1000 grãos tratados com azoto em relação às variedades sem tratamento com azoto

Tabela 19. Peso de 1000 grãos tratados com azoto para variedades sem tratamento com azoto

N.º de grãos Variedade	R1	R2	R3	R4	X	Variação	*S*
Simeto	55, 8	53, 3	51,1 5	54,0 1	53,5 6	3,69	1,9 2
Ammar06	52, 1	51	49,3	50,1 2	50,6 3	1,43	1,1 9
Oued el bared	48	47, 7	45,5 2	46,7 8	47	1,24	1,1 1
Antalis	45, 3	44, 8	43,0 9	44,1 3	44,3 3	0,92	0,9 5

2-7- Fertilização azotada

[eme]Adicionamos azoto a quatro dos oito vasos em cada repetição à superfície dos vasos na fase de perfilhamento (após a remoção da 4 folha em 21/03/2023) onde utilizamos esta relação para calcular a dose de azoto adicionada.

1h >2000000g

S > X

1x108cm2 >2000000g

^{2}200,96cm x

X = 401920000 [-1x108]

X = 4,01

Adicionámos 4 g de azoto a cada vaso.

II. Análise de variância dos resultados

Tabela 20. Análise de variância para número de perfilhos

Source de Variance	DDL	SCE	CM	F-obs	F-théo
Entre Groupes	3	26,5	8,83	2,90	3,49
A l'intérieur des groups	12	36,5	3,04		
Totale	15	63			

Os resultados da análise de variância (quadro 19) mostram que existe uma diferença significativa para esta caraterística morfológica porque

F observado < F teórico

Tabela 21. Análise de variância para a altura das plantas

Fonte de variação	DDL	SCE	CM	Puxadores	F- theo
Entre grupos	7	2209,5	315,64	53,34	2,42
Dentro dos grupos	24	142	5,91		
Total	31	2351,5			

Os resultados da análise de variância (quadro .20) mostram que existe uma diferença significativa para esta caraterística morfológica porque

F observada > F teórica

Tabela 22. Análise de variância do número de espigas/potes

Fonte de variação	DDL	SCE	CM	F-obs	F-teo
Entre grupos	318,345	,	437,002	,42	
Dentro dos grupos	24	29,	51,22		
Total	31	347,87			

Os resultados da análise de variância (quadro 21) mostram que existe uma diferença significativa para esta caraterística morfológica porque

F observada > F teórica

Quadro 23. Análise de variância para La langueur d'epis

Fonte de variação	DDL	SCE	CM	F-obs	F-teo
Entre grupos	715,5	82,26	21,		192,42
Dentro dos grupos	24	2,560	,10		
Total	31	18,42			

Os resultados da análise de variância (quadro 22) mostram que existe uma diferença significativa para esta caraterística morfológica porque

F observada > F teórica

Tabela 24. Análise de variância do número de grãos/ano

Fonte de Variação	DDL	SCE	CM	F-obs	F- theo
Entre grupos	7	1410	201,42	41,14	7,51
No interior grupos	24	117,5	4,89		
Total	31	1527,5			

Os resultados da análise de variância (quadro 23) mostram que existe uma diferença significativa para esta caraterística morfológica porque
F observada > F teórica

Quadro 25 . análise de variância dos pesos de 1000 grãos

Fonte de variação	DDL	SCE	CM	F-obs	F- theo
Entre grupos	7	6140,20	877,17	541,11	8,04
Dentro dos grupos	24	38,90	1,62		
Total	31	6179,10			

Os resultados da análise de variância (quadro 24) mostram que existe uma diferença significativa para esta caraterística morfológica porque :

F observe > F theor

II. Estudo matemático e numérico do modelo <u>Para o modelo linear</u>

Qs = NTM.T + N

Qs = A quantidade de biomassa

T = tempo (por dia)

NTM = desenvolvimento do número de perfilhos

N = substância influente (azoto)

Este modelo desenvolve-se linearmente

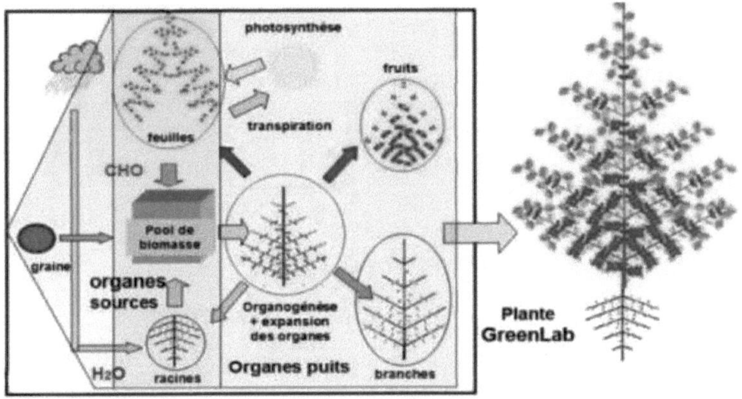

Figura . 25 Sistema dinâmico de crescimento das plantas (Wallach et al, 2005).

<u>Por comparação</u>

Qs = NTM.T

Qs = A quantidade de biomassa

T = tempo (por dia)

NTM= crescimento do número de perfilhosO nosso modelo é linearmente variável

Número médio de perfilhos (produção de biomassa com tratamento)

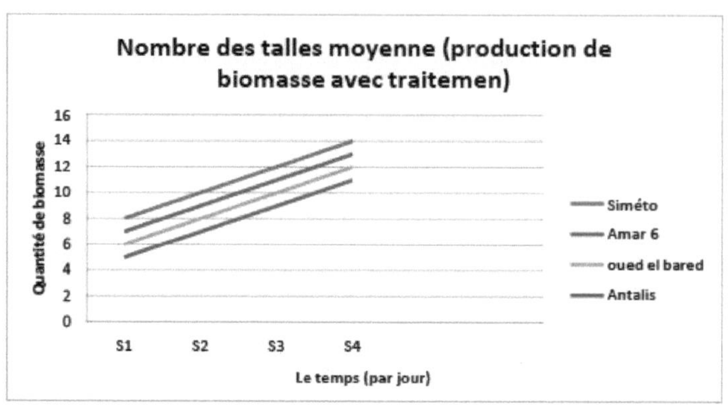

Figura.25 Número médio de perfilhos (produção de biomassa com tratamento)
Número médio de perfilhos (produção de biomassa sem tratamento)

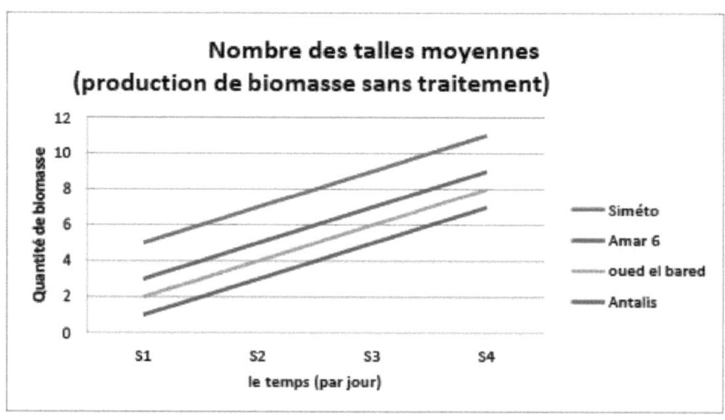

Figura . 26 Número médio de perfilhos (produção de biomassa sem tratamento)

Conclusão geral

O estudo foi realizado com quatro variedades de trigo duro (*Triticumdurum*) mais utilizadas em Skikda: Simeto, Ammar 06, Oued el bared e Antalis (local e importada), com o objetivo de caraterizar o perfilhamento do trigo duro (*Triticumdurum*) e a sua modelação sob o efeito do azoto.

Os nossos principais níveis de cultura: oito réplicas para cada variedade, incluindo quatro réplicas não tratadas e cinco réplicas tratadas (fertilização azotada).

Tratámos dos seguintes pontos:

- Estudo morfológico do perfilhamento.
- O efeito da dose de azoto no número de perfilhos.
- Efeito do parcelamento do adubo azotado na altura das plantas.
- Caracterização e modelação do perfilhamento no trigo duro (*Triticumdurum*)

[2]Efeito do fracionamento do adubo azotado na qualidade da produção ou nos componentes do rendimento (número de espigas/m , comprimento da espiga em cm, número de grãos por 1000 grãos de peso, dose de azoto).

Verificámos que a fertilização azotada é um elemento-chave para o aumento do número de perfilhos na fase de perfilhamento, utilizando o **modelo linear**.

A capacidade de produção de perfilhos é também superior nas variedades Simeto e Amar 06 em relação às outras variedades Oued el Bared e Antalis.

O nosso modelo pode ser disponibilizado aos agricultores que produzem trigo duro e a nossa experiência de modelação do talão na fase de perfilhamento será um ponto de partida para ajudar os nossos agricultores a cultivar trigo duro (*Triticumdurum)* e a melhorar os rendimentos.

Por último, recomendamos que os agricultores :

- Utilizar variedades de plântulas anãs para o acamamento.
- Para otimizar a fertilização azotada, é necessário recorrer à modelização.

A variedade Simeto é perfeita para o clima de Skikda.

Referências

- **Abbassenne, F., Bouzerzour, H., &Hachemi, L. (1997).** Fenologia e produção de trigo duro (*Triticumdurum* Desf.) em zonas semi-áridas. *Ann. Agron. INA*, El Harrach, 18 :24-36
Argélia: Universidade Djilali Bounaama de Khemis Miliana, 2017, p 104. Disponível em Algerie e ICARDA: 176 p
- **Acevedo, E., Silva, P., & Silva, H. (2002).** Wheat growth and physiology, *In:* Curtis, B. C., RajaramS., and Macpherson, G. H., Bread wheat. Improvement andProduction, Eds. *Food and AgricultureOrganization*, Roma, 30: 34 - 70.
- **-Alismail W et al, (2017).** Influência da densidade de sementeira na produção de trigo duro na zona semi-árida de Haut Cheliff. These de mastere. Univ de Khemis- Miliana.51.
- **Baldy, C. (1984).** Utilização eficiente da água pela vegetação em climas mediterrânicos. Bull. Soc.
- Belaid D., (1987). **Estudo da fertilização económica. Opção mediterraneenneCIHEAM. 7 p**
- **Belaid, D. (1987).** Etude de la fertilisation azotee et phosphatee d'une variete de ble dur (Hedba3) enconditions de deficit hydrique, Memoire de magister. INA - El Harrach, Argel, 108p
- **Bonjean, A. (2001).** História da cultura dos cereais e, nomeadamente, do bletendre (Triticum
- **Bos H.J. , Neuteboom J.H. 1998-** Análise morfológica da dinâmica do número de folhas e de perfilhos do trigo (Triticum aestivum L.) : respostas à temperatura e à intensidade luminosa . Anais de Botânica . 81 : 131-139 .
-**Boukensous W**. Estudo da eficácia de alguns fungicidas no controlo de doenças foliares do trigo e do impacto do tratamento na desenvolvimento e rendimento das culturas [Em linha].
- **Boulal H., El Mourid M., Rezgui S., Zeghouane O. 2007:** Guide pratique de la conduite des cereales d'automne (bles et orge) dans le Maghreb (Algerie, Maroc, Tunisie). Publicado por ITGC, INRA Algerie e ICARDA: 176 p.
- **Brink, M., &Belay, G. (2006).** Recursos vegetais da África tropical 1. Cereais e leguminosas. Fundação PROTA, Wageningen, Países Baixos/BackhysPublishers, Leiden, Países Baixos/CTA, Wageningen, Países Baixos, 328pp.
- **Casnin C., Jean-Francois M. e Levesque H. (2013).** Le ble, une plante modèle pour etudier labiologie végétale au lycee (professores-associados do Ife-ENS Lyon)

-**Catell, F., 2006-** Funcionamento hídrico e fisiológico da planta. In: TiercelinJ.R.et Vidal cereales d'automne (bles et orge) dans le Maghreb (Algerie,Maroc, Tunisie). Edição: ITGC, INRA

- **Cherfia, R. (2010).** Etude de la variabilite morpho-physiologique et moleculaire d'une collectionde ble dur algerien (**Triticumdurum**). Com vista à obtenção do diploma de Magistere enBiotechnologies végétales Universite Mentouri, Constantine

- **Clement J.M. 1981**: Dictionnaire Larousse Agricole. Librairie Larousse. ISBN2-03- 514301-2: 1207p.

- **Clerget, Y. (2011).** Biodiversidade dos cereais Origem e evolução. Montbeliard. 17p. de duas variedades de trigo duro da Argélia (Bousseleme e Simeto) [Em linha]. Tese de mestrado.

- **Diehl, R, 1975**. Agriculture generale. Edição J.B. Bailliere. 396 páginas. e o impacto do tratamento no desenvolvimento e rendimento das culturas [Online].

- **Dubcovsky, J., & Dvorak, J. (2007).** A plasticidade do genoma é um fator chave para o sucesso do trigo poliploide sob domesticação. Science, 316 (5833) :1862.

- **Duthil, J., 1973** - A fertilização fosfatada dos solos calcários. An Agro, INA VolVI n°2, pp.

- **Emillie (2007).** Conhecimento dos alimentos de base alimentar e nutricionais da dietética. Ed:tec et doc, la voisier, paris.

- **Even L.T. , 1975-** Photosynthesize and the flag leaf and components of bordering grain development in wheat.Aust j , biol , Sci , 23 ; 245p .

- **Feldman, M., & Sears, E. R. (1981).** Os recursos genéticos selvagens do trigo. Sci. Am,244 : 98-109.

- **Gallais, A., &Bannerot, H. (1992).** Amelioration des espepees végétales cultivtives: objectifs et criteresde sélection. *Edições INRA*. 759 pmanagement in Kentucky. Univ. de Kentucky. http://www.uky. edu/Ag/GrainCrops/ID125 Section2.html (acedido em 29 de novembro de 2012).

-**Gate P, 1995**: Ecophysiologien du ble de la plante a la culture -Ed. DOC-la voisior I.T.C.F- France-pp 417.

Gate, P. H. (1995). Ecophysiologie du ble ; Technique et documentation : Lavoisier,Paris, 429 p

-**Girard M.C., Walter C., Remy J.C., Berthelin J. & Morel J.L.,**(2005).Sols et Environnement, Eds, Dunod, Paris, 816p.

-**Gouasmi R, Badaoui N.** Estudo bioquímico da influência da secagem no valor nutricional.

-**Guillaume, 2020.**les basesenbiostatistiques, lournos nature-2019-2022.

-**Grignac, P. (1965).** Contribution a l'etude de TriticumdurumDesf. (Dissertação de doutoramento, Toulouse).

- **Hamadache, A. (2013).** Elements de phytotechnie generale : Grandes Cultura- TomI : Le ble. 1ereedição. Mohamed Amrani. 49-69.

- **Hayden, B., (1990).** Nimrods, Piscators, Pluckers and Planters: The Emergência da produção alimentar. J. Anthrop. Archaeol, 9(1), 31

- **Henry, Y., & De Buyser, J. (2001).** L "origine des bles. In: Belin. Pour la science (Ed.). De la graine a la plante. Ed. Belin, Paris, pp. 6972.

- **Herbek, J., & Lee, C. (2009).** Crescimento e desenvolvimento. In: A comprehensive guideto wheat.

Karou, M., Haffid, R., Smith, D. N., & Samir, K. (1998). Roots and growth wateruse and water use.

- **Laumont, P., &Erroux, J. (1961).** Inventaire des bles durs rencontres et cultives en Algerie. Memoire de la societe d "histoire naturelle de PAfrique du Nord, 5 : 94p.le (01/03/2020).

- **Levy, A. A., & Feldman, M. (2002).** O impacto da poliploidia na evolução do genoma das gramíneas. Fisiologia Vegetal, 130: 1587-1593

- **Longnecker, N., Kirby, E. J. M., & -e Robson, A. (1993).** Surgimento de folhas, crescimento de perfilhos e desenvolvimento apical de trigo de primavera com deficiência de nitrogênio.
Crop Sci, 33: 154- 160.eficiência do trigo duro de primavera sob seca no início da estação. *Agronomia*, 18: 181-186.

- **Louis Houda, 2016.**PAF análise de problemas de gestão
https://oraprdnt.uqtr.uquebec.ca/Gscdepot/paf1010/19
/M13.pdf

- **Mac Key, J. (2005).** Trigo: O seu conceito, evolução e taxonomia. In: ConxitaMemoire de Master. Argélia: Universidade 8 de maio de 1945 Guelma, 2014, p 92.disponível para consulta

- **Michele M. Roger P. e Jean C. R. , 2006-** Biologia e Multimédia Université Pierre et Marie Curie UFR de Biologie

Moeller C. Jochem B. , Evers e Greg R. , 2014- Canopy arquitetura e caraterização fisiológica de quase - linhas de trigo isogênicos diferindo no gene tin inibição do perfilho . Frontiersin Plant Science: Biofísica e Modelagem de Plantas.doi: 10.3389.

- **Mohamed, H. (2000)** Etude des systemes de production utilises en zone nord de Constantine casdu reseau d'amelioration du ble dur.

Moule , C. (1971) . Cereais . A Casa Rústica .

- **Oudjani W., 2009-** Diversidade de 25 genótipos de ble dur (TriticumdurumDesf.) : Estudo de

o e adaptação. Estes de Magister.

Universidade de Constantine. 111p.

- **Robert, D., Gate, P., & Couvreur, F. (1993).** Les stades du ble. *Edições ITCF. 28 p.*

- **Sadouki M et *al*, (2018).** Etude de la variabilite morpho- physiologique du ble dur (*Triticumdurum.*) dans les conditions climatiques du Haut Cheliff. These de mastere.Univ de Khemis Miliana.

- **Surget, A., &Barron, C. (2005).** Histologia do grão de trigo. Industries des cereales,(145), 3-7.

-**Soltner, D. (1990).** Alimentation des animaux domestiques. Tome 2, La pratique du rationnementdes bovins, ovins, porcins.

-**Wardlaw, I. F. (2002).** Interação entre seca e alta temperatura crónica durante o enchimento do grão de trigo num ambiente controlado. *Anais de Botânica*, 90: 469-476.

Memoire de Master. Argélia : Universite 8 Mai 1945 Guelma, 2014, p 92. Disponível em consultado em (01/03/2020).

-**Ducreux G. 2002** - Introduction a la botanique (licence 1.2.3) .

Edição belin . Paris . p : 101-185 .

aestivum L.). Dossier do Ambiente do INRA, 21: 29-37

Printed by Books on Demand GmbH, Norderstedt / Germany